景观作物
观赏栽培图鉴

潘建义 主著

U0351039

中国农业科学技术出版社

图书在版编目（CIP）数据

景观作物观赏栽培图鉴 / 潘建义主著．— 北京：
中国农业科学技术出版社，2016.8
ISBN 978-7-5116-2686-8

Ⅰ．①景…　Ⅱ．①潘…　Ⅲ．①观赏园艺 Ⅳ．① S68

中国版本图书馆 CIP 数据核字（2016）第 168658 号

责任编辑　闫庆健　张敏洁
责任校对　杨丁庆

出 版 者　中国农业科学技术出版社
北京市中关村南大街 12 号　邮编：100081
电　　话　（010）82106632（编辑室）（010）82109704（发行部）
（010）82109709（读者服务部）
传　　真　（010）82106625
网　　址　http://www.castp.cn
经 销 者　各地新华书店
印 刷 者　北京科信印刷有限公司
开　　本　787 mm × 1 092 mm　1 /12
印　　张　8
字　　数　165 千字
版　　次　2016 年 8 月第 1 版　2016 年 8 月第 1 次印刷
定　　价　68. 00 元

版权所有 · 侵权必究

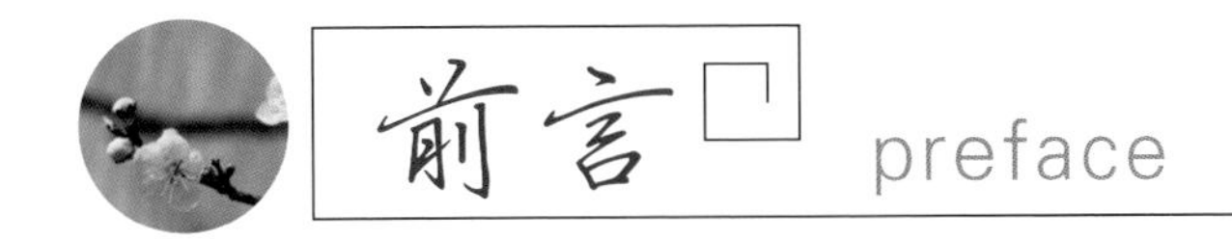

前言 preface

“满园春色关不住，一枝红杏出墙来”。

800年前，南宋处州（丽水）龙泉诗人叶绍翁的千古名句，描绘了浙南丽水市美丽乡村的图景。这是园地作物农旅融合的经典实例，也是园地作物表现色彩美、形态美和意境美的真实写照。

丽水市处浙江省西南浙闽两省结合部，东经118°41′~120° 26′和北纬27°25′~28°57′之间。东南与温州市接壤，北部与金华市交界，东北与台州市相连。大自然赋予丽水市山水秀美、优越的生态环境、四季分明的气候，造就了丽水市丰富的种质资源，其中不乏有较高观赏价值的农作物和园艺花木。近年来，丽水市积极践行“绿水青山就是金山银山”的战略指导思想，依托独特的生态资源优势和悠久历史积淀的农耕文明，围绕秀山丽水、养生福地、长寿之乡的区域定位，大力发展生态精品景观农业和创意农业，创新发展新型美丽农业。

为挖掘农作物生产以外功能，本图鉴以作物（含园艺花木）和最佳观景月份为索引，以浙江丽水市为样本，精选了85种丽水市景观作物和花木，图文并茂地分别介绍其习性、栽培要点、造景建议，并以当地成功的栽培赏花观景示范实例进行说明，附录相关景观设计咨询及种源途径，简要回答了适合浙南丽水市种植景观作物种类以及何时种、如何种、什么时候欣赏等问题，以期挖掘农作物生产、生活、生态和美学观赏价值，以加快农业一二三产结合、农旅融合。

“山路雨添花，花动一城春色”。2016年2月，浙江省省委书记夏宝龙来丽水市调研考察时指出，丽水市要以旅游和农业作为丽水市产业的重中之重和支柱产业来培育，做好农旅融合文章。

如果本图鉴的出版能为为推动丽水市农旅融合和美丽乡村建设添砖加瓦，为美丽中国建设提供样本，将是编者不胜的荣幸。由于编者水平所限，加之时间较紧，书中遗漏和不妥之处，恳请广大读者批评指正。

潘建义

contents

景观作物概述

——农作物在丽水市农旅融合美丽乡村建设中的应用

景观农作物研究起源于景观农业或生产型植物景观研究。习近平总书记在考察美丽浙江建设新成果时指出：美丽中国要靠美丽乡村打基础。美丽乡村建设中，景观农作物是不可或缺的元素。广义上农作物几乎包括所有栽培植物，如谷物、果树、蔬菜、林木等，其美学价值也很早就被人发现，广泛运用于美化城市、乡村，或在农作物生产中呈现美景。

农作物用于城市、农业园区和乡村景观建设与研究在中国各地已有一定基础。大自然赋予丽水市秀美的山水、优越的生态环境、四季分明的气候，造就了丽水市丰富的种质资源，其中不乏具有较高观赏价值的农作物种类。近年来，浙江丽水市积极践行“绿水青山就是金山银山”的发展理念，依托独特的生态资源优势和悠久历史积淀的农耕文明，大力发展景观农业和创意农业，顺势打造美丽乡村，新型农业美丽业态。浙江丽水市春来桃李芳菲、夏至白莲沁香、秋观梯田稻浪、冬赏柿红傲雪，走出了既要丰收又要风景的新路子。在建设美丽乡村作物景观过程中，各地造景引进了不少创意设计和园艺新品种，但也局部存在过分注重风景而忽略了作物生产功能现象，往往效益低下而不具可持续性。在大力发展乡村旅游、美丽乡村，建设美丽中国的大背景下，本图鉴以浙南丽水市为例，结合前人研究成果及丽水市美丽乡村建设的发展规划，对如何利用当地丰富的农作物资源，开展了系列探索与研究，以期挖掘农作物生产、生活、生态和美学观赏价值，为加快农业一二三产业融合、农旅融合，为美丽中国建设提供样本意义。

1　景观农作物定义概念

广义上农作物可分为大田农作物、园艺农作物、林木苗木三类，几乎包括所有栽培植物。目前尚无“景观农作物”的定义概念和相关论述，比较接近的主要有“景观农业”“观赏植物”“生产性植物景观”等定义概念及相关论述。本图鉴中，景观农作物是指被用于造景或景观融于生产，具有一定美学价值的集生产、生活、生态和美景为一体的广义农作物。

此外，景观农作物按照其功能可分为生产型景观农作物和直接观赏型景观农作物。生产型景观农作物是以农业生产获得经济效益为主的一类农作物，在生产实践中，主要以稻、麦、油菜以及果、茶、瓜菜等生产型农旅融合模式为表现形式；直接观赏型景观农作物在景观中将人们的视觉、嗅觉等有效结合，以美化功能与生态功能为主，兼顾自身生产效益为辅，在生产实践中，主要以园林花苗圃、民宿小品和乡村美丽景观带为表现形式。

2　浙南丽水市景观农作物利用方式探讨与研究

2.1　农作物的美学价值利用方式

农作物用于景观应用，表现在浙南丽水市，在注重其以生产性为主的功能基础上，更注重其观赏价值以及其与环境素材完美融合所呈现的美感，其审美要素主要有花、叶、根、茎及果实的色彩和形态，以及农作物在自然条件下散发的声音、气味和味道等。即集中表现为色彩美、形态美、香味美、季相美、内涵美等利用方式。

农作物的色彩美、形态美、香味美、季相美、内涵美

2.1.1　色彩美　农作物色彩丰富，具有直接的视觉效应，如羽衣甘蓝的绿白紫黄，番茄的猩红亮黄，荞麦花的洁白等。通过大面

积种植或图案组合又可以营造出农作物色彩景观带，如庆元、青田等县彩色稻图案的应用。

2.1.2 形态美 农作物种类繁多，形态各异，其中大多数观赏农作物姿态优美或有特殊形态。粮食类农作物虽然植株矮小，成片种植配合不同的地形可以呈现出不同的景象或优美的曲线；蔬菜类农作物有各种形态的叶，不同形态的果或不同状态的根茎；果树类农作物可单株，可群植，配合不同的修剪手法也可具有极佳的视觉效果。

2.1.3 香味美 多数农作物的生命历程都要经过开花结果，在此期间作物散发特有花香、果香，充分利用该特性，可以营造浓郁的农耕气息，如稻香扑鼻、瓜果飘香将感官的刺激发挥到极致，达到声、色、味俱全的全新体验。

2.1.4 季相美 农作物经历幼苗期、生长期、成熟期，不同作物在不同的季节色彩、形态变化呈现不同的景观，创造了变化多姿的作物四季景观。

2.1.5 内涵美 历史积淀的深厚农耕文化深入人心，农作物种植于乡村，逐渐变成了田园的象征，农耕的代表，如莲花常常象征廉洁。浙江省丽水市莲都区老竹白莲精品园景观白莲作物基地，2011 年 8 月被列入浙江省第二批省级特色农业精品园创建点，截至 2014 年 7 月通过浙江省农业厅验收时，建成 5 个核心区块 120 hm^2 老竹白莲精品园，年平均年产白莲 150 t，年销售收入 650 万元，可为周边农户增加收入 350 万元，同时带动周边农家乐及民宿经济发展。该精品园在具备生产功能及景观功能的同时，园区内专设处州白莲廉洁书画文化长廊，以图文并茂形式，以莲花为载体，既带动了周边休闲观光农业的发展，成为浙江休闲农业亮丽景点，又弘扬廉政文化，达到教育党员干部目的，具有很好的经济、社会和生态效益。

2.2 农作物景观分类探讨

农作物景观按照植物学系统和用途可分为粮食农作物景观、经济农作物景观、园艺农作物景观、园林农作物景观，其中许多兼具多种用途。

2.2.1 粮食作物景观 粮食农作物在浙南丽水市主要包括水稻、小麦和荞麦等，在不同的生长阶段其色彩、高度不尽相同。如遂昌县大面积的荞麦花田等，场面震撼，花香四溢。

2.2.2 经济作物景观 经济农作物主要包括油料、饮料、糖料农作物等，如油菜、向日葵、茶叶，若种植规划得当，产生经济效益同时带来观赏效果。如龙泉黄南乡数千亩连片的油菜花无论是近观还是远看都能带来强烈的视觉效应，松阳大木山万亩骑行茶园在蓝天白云的映衬下，是旅游、骑行的胜地。

2.2.3 园艺作物景观 园艺农作物包括果树、蔬菜、花卉，这些农作物本身就有很高的观赏价值。在现代造景中，果园、菜地、花圃、苗圃已是绿地系统中不可或缺的一部分。如羽衣甘蓝、桃花、李花等在造景中的大量应用。

2.2.4 园林作物景观 园林上常用的许多植物属于广义上的农作物，如梅花、牡丹、二月兰等，利用一些乔灌木、藤本、草本植物可形成一定结构、层次的综合景观。

2.3 景观农作物的主要应用形式

农作物具有独特的生长特性，可以增加造景种类、降低成本，短时间形成景观效果，而且具有季节变化效果，具有很高的教育意义和情感价值，不仅能给予孩子认知的机会，还能引起有乡村经历的人们情感认同。在实际造景应用中主要有以下几种形式。

2.3.1 片植 农作物片植可以形成强烈的视觉冲击力，富有田园情趣。大规模同种类片植，最为常见如千亩万亩连片油菜花田、荞麦花海、向日葵花海；图形组合片植，应用不同颜色的植株或农作物按照一定的图形种植，远看或俯看呈现不同色彩的图形图案，普遍应用的有彩叶水稻、彩叶蔬菜的组合。

2.3.2 垂直绿化 葡萄、丝瓜等农作物具有攀援特性，可以实现水平和垂直造景组合，增加景观层次感。庭院、乡村的篱笆墙、围墙或棚架，种上葡萄、葫芦、丝瓜等攀援农作物；庄园、农场应用丝瓜、葫芦等形成蔬果长廊；这些农作物不仅可以观花观果，还可以采摘品尝，更可以结合民宿美化造景，一举多得。

2.3.3　农作物专园　农作物专园具有较大面积生产性能，展示效果强兼具教育意义。桃园、果园、药材园、花圃、设施蔬菜园等农作物专园经济效益好，管理精细，既可以供人赏花观果，还能采摘美食和开展科普教育活动；现代的农业园区是新品种、新技术的展示示范区，如莲都区碧湖、龙泉市兰巨等现代农业高新园区展现了现代技术下的农作物景观美，应用意义很大。

2.3.4　盆栽或孤植、对植、群植　在民宿庭院等美丽乡村建设中，作物的布置方法也可引用盆栽或孤植、对植、列植、丛植和群值等方法。盆栽、孤植主要显示作物的个体美。对植即对称地种植大致相等数量的作物，多应用于园门，建筑物入口等。在自然式种植中，则不要求绝对对称，对植时也应保持形态的均衡。列植也称带植，是成行、成带栽植作物，多应用于乡村公路的两旁，或规则式乡村广场的周围。相同物种作物的群体组合，作物的数量相对较多，以表现群体美为主。

2.4　基于系统工程的浙南丽水市景观农作物＋的主要推广应用模式

以系统工程的理念、方法论要求来开展是加大推广力度的有效途径之一。系统优化的方法要着眼于事物的整体性，重视整体的功能以及系统内部结构的优化，力求实现整体功能大于部分功能之和，表现在浙南丽水市，主要有以下景观农作物＋的主要推广应用模式。

2.4.1　作物＋山水景观模式　如云和县云和梯田国家 4A 级景区的水稻＋山水（梯田、银矿山、瀑布、云海）景观。

2.4.2　作物＋运动模式　如松阳县大木山骑行茶园国家 4A 级景区的茶树＋自行车山地车越野赛道、婚纱摄影基地等，遂昌县大柘万亩山地自行车越野赛赛道茶园等。

2.4.3　多作物花海模式　如缙云县 33.3 hm^2 笕川花海，云和县云和湖 20 hm^2 石浦花海，庆元县西洋殿 12 hm^2 花海等。

2.4.4　作物＋民宿（农家乐）模式　如莲都区百亩白莲诗画利山农家乐、松阳县柿子红了民宿等丽水市百余家特色民宿农家乐。

3　浙南丽水市景观农作物利用实例

3.1　云和梯田

云和梯田位于浙江省丽水市云和县崇头镇，为国家 4A 级景区。云和梯田海拔跨度 200~1 400 m，总面积 51 km^2，被评为中国最美梯田之一。水稻是云和梯田的主要景观农作物，距今已有数百年历史。水稻横向具有大群体规模，纵向依托地形地貌形成梯田稻，四季水—禾苗—稻谷—雪景的轮作更替景色。

从地势结构看，云和梯田海拔跨度大，但山体走势有高地平台、大大小小的低丘缓坡、谷地，具有七百多层梯田，且四面环山极易形成云雾；周围林地资源丰富，具有良好的水源涵养功能，做到山高水高，保证充足的稻田灌溉用水；自然条件适合稻作。云和梯田所在地四季分明，无霜期 227 天，日照 1 774 h，雨量充沛，昼夜温差大，是高山单季优质稻种植区。近几年，通过道路修缮拓宽、民宿建设和宣传，云和梯田将休闲旅游完美融于农耕文化和自然美景当中，是典型依托当地自然环境、结合自然种植习惯的农旅融合景点，亦是摄影胜地。云和梯田景区还曾以“海市蜃楼般的农田美景”被美国 CNN 评选为中国最美 40 个景点之一，并入选由美国《国家地理》杂志评出的中国最美 20 个景点之一。

云和梯田稻作景观（春夏秋冬）

3.2　松阳大木山骑行茶园（国家 4A 级景区）

茶叶是丽水市最具成长性的优势主导农业产业之一，截至 2016 年 6 月全市茶园面积 3.67 万 hm^2，茶园面积、产量、产能位居浙江省前列。松阳大木山骑行茶园位于浙江省丽水市松阳县新兴镇，面积 1330 hm^2，是全国最大骑行茶园。该区以缓坡丘陵为主要地貌，自古松阳有种茶历史，目前茶叶已是当地主要经济作物。该区定位于茶叶经济、休闲运动旅游和摄影，目前景区一期核心区块 200 hm^2 已经建设越野赛道 7 km，健身环线 8.3 km。茶园最初是茶农经济来源地，规模发展和当地地貌结合，形成大规模景观。在建设过程中景区融入生态、文化、体育、旅游等多种元素，通过专业骑行道设施、竹亭、茶楼、景观雕塑等人工造景集合，其中，景区邀请海外高层次人才——美国哈佛大学建筑城市设计师徐甜甜团队设计的的松阳大木山茶室，被发布在《福布斯》杂志亚洲版 2015 年底刊的 12 月专题，《中国时尚与设计：30 位设计师》里的建筑师板块。该板块根据国际知名度排名推选了 30 位设计师的建筑设计作品，获中国国际空间设计大赛大奖。同时骑行茶园还体现在景区游客中心、茶叶博物馆、互联网 + 以及茶文化长廊等景点布局其中，将茶文化体现于种茶、采茶、制茶、看茶、品茶等各个环节，打造成运动休闲茶旅融合景观。

3.3　缙云笕川花海

笕川花海位于缙云县新建镇笕川村，是丽水市继 2015 年云和县石浦 20 hm^2 花海大获成功后，第二个大面积多作物花海模式示范点，一期面积 33.3 hm^2，投资 1300 万元，由知名花海设计师浙江大学何思源教授创意设计，以日本富良野著名薰衣草花海为模板设计。景观作物花品种类繁多，主要利用景观作物有马鞭草、向日葵、金盏菊、芦苇稻等，持续复种，保证四季有景，辅以观光小火车。村里为此在花海中留出 0.33 hm^2 种上芦苇稻，这种稻高近 2 m，谷粒长 2 cm，稻田远观如像芦苇荡，极具观赏性。大面积花草也有附加值——马鞭草可用于制作精油、肥皂、洗手液，硫华菊可用于制作蚊香、杀虫复合肥，二月兰可用于制作鲜菜、花饼，矮秆向日葵可用于制作葵花籽、葵花油等。景区配套有休闲农家乐、特色民宿、明清民居景点、地下酒窖、淘宝购物体验街等多种服务，更有缙云烧饼、缙云麻鸭等传统美食。后期还将在基地内重点规划布置香草园、景观湖、亲子劳作园、农业机械展示园等几大区块，完善民宿、停车场等配套设施，打造集景观作物、休闲观光、餐饮食宿、农事体验、科技示范于一体的生态景观农作物旅游基地。经济效益上，据不完全统计，仅开园 10 天门票收入 117 万元；笕川餐饮及农产品销售额达 60 多万元，同比增加 20 倍。

大木山骑行茶园景观（左）笕川花海（中、右）

4　作物景观的设计原则与理念

浙江丽水市地处浙西南，以丘陵地貌为主，四季分明，雨量充沛，农耕文化底蕴深厚，环境优美。景观农作物在浙江丽水市美丽乡村景观营造中，在景观设计上应把握生态性、经济性、文化性、艺术性、特色性原则，在作物景观设计上把握风格协调、方便人性、注重人文、四季有景、景利平衡 5 个设计理念。

4.1　农作物景观设计原则

4.1.1　生态性原则　生态性原则是农作物景观设计的基本原则。丽水市以山地为主，弱酸性土壤居多，农作物景观设计时应充分利用当地的地形、地貌和水土植物资源，注重与周边大环境的融合；同时，保持生态平衡，减少生态破坏；根据当地的气候、土壤、水文状况以及土地肥力状况选择农作物的种类，且与当地的植被相协调匹配。引进新品种时更加需要考虑不能破坏当地生态。

4.1.2　经济性原则　农作物种植是农民的一大生活经济来源，在其生活中占据很大的比重。农业经济也是丽水市经济的基石。在农作物作为景观要素设计的同时应注重其经济价值，突出其生产功能，保证经济生产与景观美感的融合，既为农民增产创收，又达到了美化环境、优化空气质量的效果。

4.1.3　文化性原则　农耕文化一直贯穿于中华民族历史长河中，不仅具有深刻的文化底蕴，还沉淀着几千年来劳动人民的智慧结晶。在景观营造中其参与性和娱乐性是其他人文景观所不能比拟的。通过对文化内涵的深刻理解与挖掘，在植物景观设计中可加入游客种植、浇灌、采摘、品尝等一系列环节，加强互动交流，更好地体现人与自然和谐相处。

4.1.4　艺术性原则　农作物通过合理布局、色彩搭配是体现其艺术价值的方式之一。无边的稻田莲花、延绵的梯田等大地景观营造出一种壮观宏伟的景象，依山而建的果园点缀山间无不给当地原有山景起到点睛作用，充分考虑农作物艺术价值因素可大大提升农作物景观设计的整体品位。

4.1.5　特色性原则　特色是农作物景观的核心竞争力，能够反映当地的自然环境、人文地域特色、民俗特色。不同的地方有其特殊的地理环境，根据本地的特殊环境因素可以造出当地特色景点，如云和梅源、青田小舟山的梯田稻；不同栽培习惯，如缙云传统药材种植习惯具有芍药园、和莲都的处州白莲等。

4.2　农作物景观设计理念

注重景观总体风貌的设计，风格协调。农作物景观是一个整体，包括乡村建筑、自然山水、农田水利、基础设施，注意整体设计风格的协调统一。在景观的总体风貌设计上，要坚持当地人文地域特色、保留地域特色、彰显地方文化[13-16]。

注重景观合理布局，方便人性。合理布局使人们赏景的体验更加方便化、合理化、人性化，也是农作物景观充分展现景观氛围的重要前提。选择布局模式时，要结合场地的大小，所营造的氛围特点，以及农作物的选择加以考虑，确定是大气的轴线布局模式，流畅的曲线布局模式，还是自然生态的布局模式，更加有利于景观的充分展示。此外还要考虑景观点的位置布局，考虑交通是否便利等因素。

注重人文地域特色的表达，因地制宜。丽水市以中山、丘陵地貌为主，延绵的梯田，间有谷地平原和高台平地；丽水市历史文化底蕴深厚，农作物景观要体现本地文化特色。农作物与不同的山、水元素结合，比如浙南丽水市丘陵地貌，油菜、水稻同梯田结合，茶园同延绵的山体自然结合；在谷地平原可以将大面积景观、景观图案或与山村融为一体；广泛种植具有当地地域特色的农作物，突出乡土特色。

注重农作物的选择与搭配，四季有景。浙南丽水市四季分明，应考虑农作物景观时序的问题，合理配置农作物；不能随意选择农作物的种类，应根据农作物生长习性合理安排茬口，做到四季有景，避免出现空缺斑秃现象，稻—油菜—稻是目前大面积应用广的常用模式，生态经济。农作物的种类选择上，要在保持当地农作物特色的基础上，适当结合农作物的季节性因素以及农作物本身的色彩引进新品种，丰富农作物的种类，同时要注意不能破坏当地生态平衡。

注重经济效益与观赏价值的平衡，农旅融合。在农作物选择时，首先要注重农作物的经济效益。大多数的农作物要依靠当地的百姓种植，许多农作物专园需要经济效益来维持生产，经济效益也是农作物造景的重要考虑因素。在乡村休闲旅游、民宿大力发展的趋势下，农作物造景融入旅游因素，可以通过政策引导、市场推动引导，努力做到双赢。

梅花 / *Armeniaca mume* Sieb.

January

习性：多年生木本，喜阳光喜肥，较耐干旱，不耐涝，花期在1—2月。果实可食、盐渍或干制均可。

栽培要点：落叶后至春季萌芽前，带土团栽植。选择在表土疏松心土略黏重地栽植，栽后浇透水。每年冬季在树冠投影圈根区挖沟施肥。建议结合果梅（梅子）种植，专用观赏品种可孤植、对植或群植。

丽水市现有示范栽培赏花点：缙云仙都鼎湖峰、龙泉桥坑村、遂昌金竹镇王川村、景宁县城鹤溪河畔、渤海镇梅坑村、丽水市防洪堤、白云山森林公园。

草莓 / *Fragaria ananassa* Duch.

习性：喜光，喜温凉，生长适温为15~30℃，花芽分化期需保持5~15℃，设施栽培采收期较长，在1—4月。

栽培要点：设施草莓在8月做畦、搭棚，9月除草、定植，10月中下旬铺地膜，气温10℃以下时盖大棚膜，11月棚内投放蜜蜂以帮助授粉；12月棚内铺稻草待采收。可结合采摘观光共同建设。

丽水市现有示范栽培观果采摘点：莲都石牛、龙泉兰巨等9县市区的城郊。

羽衣甘蓝 / *Brassica oleracea* L. var. *acephala* DC. f. *tricolor* Hort.

习性：为食用甘蓝（卷心菜）园艺变种，抗性强，喜冷凉，高度耐寒，喜肥，喜湿润。观赏期在12月至翌年2月。

栽培要点：8月中下旬至9月上旬育苗，10月中旬定植。对土壤要求不严，冬季气温在−5℃以下须覆盖，以防心叶受冻害。常设计为美丽乡村景观带品种、乡间民宿园艺小品；也可作为食用栽培蔬菜生产结合进行。

丽水市现有示范栽培观果采摘点：丽水市各县美丽乡村景观带。

彩叶生菜（绿叶、紫叶） / *Lactuca sativa* Linn. var. *ramosa* Hort.

习性：喜冷凉，不耐寒，不耐热，生长适温15~20℃，高于30℃时，几乎不发芽。

栽培要点：播种期在10月中旬至11月上旬，苗期25~30天即移栽，12月至翌年1月可以观景兼蔬菜陆续采收。对土壤要求不严，主施氮肥。建议结合蔬菜生产布局造景。

迎春花 / *Jasminum nudiflorum* Lindl.

习性： 喜光，耐寒，耐旱，耐碱，怕涝，花期在 1—3 月，开花持续期 30~50 天。

栽培要点： 扦插在春、夏、秋三季均可进行，剪取半木质化的枝条，将 12~15 厘米长的枝条插入沙土中，约 15 天即可生根；分株可在春季芽萌动前进行。

丽水市现有示范栽培赏花点： 丽水市各县城乡公路边坡美化带以及美丽乡村景观带。

金盏菊 / *Calendula officinalis* L.

习性： 喜阳，喜温暖，不耐高温，耐干旱、瘠薄。花期在 1—4 月。

栽培要点： 9 月中下旬播种育苗。要求温暖和阳光充足的环境，在多湿条件下植株生长不良。开花前进行两次摘心，可促发更多开花枝条。建议景观设计成色带或盆栽。

丽水市现有示范栽培赏花点： 丽水市各县美丽乡村景观带及民宿园艺品种。

水仙花 / *Narcissus tazetta* Linn. var. *chinensis* M.Roener

February

习性：喜冷凉气候，生长适温为10~15℃，短日照花。花期在2—3月，开花持续期10~15天。

栽培要点：取当年新球和子球于秋季分栽，栽植前将外表干枯的鳞茎片剥掉并刮去老根。一般40天左右开花，可根据花期调节栽植时间。忌浸水，否则种球易烂。建议作为景观色带，可结合进行种球生产。

丽水市现有栽培赏花点：莲都碧湖任村浙江格丽雅公司世界水仙博览园。

二月兰（诸葛菜）/ *Orychophragmus violaceus* (Linnaeus) O. E. Schulz

习性：对土壤光照等条件要求较低，耐寒耐旱，不耐热，抗杂草，短日照，花期在 2—6 月。

栽培要点：9—10 月中下旬直播。栽培管理可相对粗放些，容易生长。可经修剪保持 10~15 厘米株高，可增加开花。建议此品种可在稻后播种，作为绿肥或秋冬空地绿肥，有利土壤增加有机质。

丽水市现有示范栽培赏花点：景宁县渤海镇梅坑村、龙泉安仁高速口等各县的美丽乡村景观带。

矢车菊 / *Centaurea cyanus* Linn.

习性：喜阳，不耐荫湿，喜冷凉，较耐寒、忌炎热。秋播时 2—3 月开花，春播时 7—10 月开花。

栽培要点：春、秋均可播种。以秋播为好，9 月中下旬播种，幼苗具 6~7 片叶时移栽。须栽在阳光充足、肥沃而排水良好的沙质土壤，否则常因荫湿而生长不良乃至导致死亡。建议作为露地大面积景观作物。

丽水市现有示范栽培赏花点：丽水市各县美丽乡村景观带。

矮牵牛 / *Petunia hybrida* (J. D. Hooker) Vilmorin

习性：喜阳，喜温暖，耐高温，不耐霜冻，喜湿润，怕雨涝。花期长达数月，2—11 月均有。

栽培要点：一年四季均可播种、育苗。切忌土壤过湿，否则易徒长，致使花朵易褪色或腐烂，甚至引起烂根死亡。

丽水市现有示范栽培赏花点：云和石浦等各县的美丽乡村景观带及乡间民宿园艺品种。

玉 兰 / *Magnolia denudata* Desr.

习性：落叶乔木，喜阳光，较耐寒，可露地越冬。爱干燥，忌低湿，栽植地渍水易烂根。开花在丽水市依海拔不同一般 2 月至 3 月，花期较短约 10 天。

栽培要点：玉兰的繁殖可采用嫁接、压条、扦插、播种等方法。多为地栽，盆栽时宜培植成桩景。地栽时以早春发芽前 10 天或花谢后展叶前带泥团栽植最为适宜。

丽水市现有示范栽培赏花点：丽水市各县美丽乡村景观带及村前后坡地园艺品种。

桃 / *Amygdalus persica* Linn.

March

习性： 喜阳，喜温暖湿润，忌涝。花期在 2—4 月，盛花期在 3 月，结果期在 6—8 月。

栽培要点： 在秋季落叶后或春季萌动前定植。建议结合果园建设或道路两侧栽植。

丽水市现有栽培观花观果点： 莲都仙渡岭头村（有连片数千亩）、缙云前路乡南弄村（有连片数千亩）、壶镇左库、景宁澄照金丘、青田章旦、莲都联城力坑村、松阳杨梅坪、里庄村等各县农旅融合观光果园。

李 / *Prunus salicina* Linn.

习性：喜阳、喜温暖湿润，忌涝。花期在 2—4 月，盛花期在 3 月，观果期在 7—8 月。
栽培要点：秋季落叶后或春季萌动前定植。不耐水，要注意田间排水。落叶后及时做好修剪工作。建议结合果园建设，设计景观特色区。
丽水市现有示范栽培赏花和采摘点：龙泉兰巨乡桐山村花果山、松阳县西屏水南等丽水市各县农旅融合观光果园。

梨 / *Pyrus* Linn.

习性：喜阳，喜温暖，耐寒，耐旱，耐涝，耐盐碱，花期在 3 月至 4 月上旬，果期在 7—9 月。

栽培要点：在秋季落叶后或春季萌动前定植。挂果后套袋可提高果品品质。建议结合果园建设，设计景观特色区。

丽水市现有栽培赏花采摘点：缙云五云街道双龙村、松阳县三都乡、云和元和街道苏坑村雪梨基地等丽水市各县农旅融合观光果园。

三月
March
22

杏 / *Armeniaca vulgaris* Lam.

习性：深根性，喜光，耐旱，抗寒，抗风，花后再长叶，其果肉、果仁均可食用。

栽培要点：在秋季落叶后或春季萌动前定植，不耐水，要注意田间排水。建议结合果园建设，设计景观特色区。

丽水市现有栽培赏花点：缙云县仙都下洋村、双溪口乡姓潘村。

樱 / *Cerasus pseudocerasus* (Lindl.) G. Don

习性：喜光喜温暖，根系较浅不抗风，不耐盐碱。一般早樱 2—3 月开花，晚樱 4 月开花。

栽培要点：秋季落叶后或春季萌动前定植，不耐水，注意田间排水。花后和早春发芽前，需剪去枯枝、病弱枝、徒长枝。

丽水市现有栽培赏花点：莲都丽新乡黄岭上村月亮湖、白云山等景观带。

郁金香 / *Tulipa gesneriana* Linn.

习性：能适应冬季湿冷和夏季干热，有夏季休眠现象，以及秋冬生根不出土的特点，忌碱土。
栽培要点：选择排水良好的微酸性沙质壤土，于 12 月至翌年 2 月种植。建议用于景观色带和盆栽。
丽水市现有栽培赏花点：丽水市新湖郁金香花博园，云和石浦、县城浮云溪畔。

三色堇 / *Viola tricolor* Linn.

习性：喜阳，不耐旱，喜凉爽气候，持续气温 30℃以上时，则花芽消失，三色堇一般在播种后 2 个月开花，应避开高温，选择不同播种期或不同海拔地块栽种，可全年开花不间断。

栽培要点：秋季播种或于 5—6 月进行扦插。经常松土、摘心，可促进生长开花。花期比较灵活，一般栽后 2 个月开花，可以用播种期调节花期。建议用于景观色带，也可用于民宿地的美化。

丽水市现有栽培赏花点：云和县城浮云溪畔以及丽水市各县美丽乡村景观带。

紫藤 / *Wisteria sinensis* (Sims) Sweet

习性：多年生落叶藤本，主根深，适应力强。喜光，耐荫，耐寒，耐热，能耐水湿及瘠薄土壤，忌积水。花期在 3—4 月。

栽培要点：于 3 月进行扦插、播种、分株和嫁接繁殖。冬季休眠期可修剪枝条。建议结合在庭院、长廊搭架种植。

丽水市现有栽培赏花点：丽水市各地公园长廊、民宿庭院景观小品。

月季、玫瑰等蔷薇属 / Rosa

习性：常绿、半常绿矮灌木，四季开花，一般为红色或粉色花，性喜温暖，喜阳。

栽培要点：春夏扦插，生根后可以移植。四季移植均可，以秋末落叶后或初春树液流动前进行为佳。可结合玫瑰油、玫瑰花茶原料生产基地及切花生产等项目建设景观色带。

丽水市现有栽培赏花点：碧湖里河村、浦塘村等丽水市美丽乡村景观带。

紫荆花 / *Cercis chinensis* Bunge f. *chinensis*

习性：丽水市乡土树种，豆科落叶灌木，性喜温暖，喜阳，萌芽力强，耐修剪。花期在3—4月。其皮果木花皆可入药。

栽培要点：9—10月收种沙藏，次年3月下旬至4月上旬播种，有4片真叶后可以移植。栽培较为容易，选择具有一定保水性的土壤，不积水地块，即可种植，管理上可适当粗放。

丽水市现有栽培赏花点：莲都联诚、水阁开发区富岭巾山（大面积野生景观）、各县美丽乡村景观带（栽植）。

瑞 香 / *Daphne odora* Thunbb.

习性：常绿直立灌木，性喜半荫，惧暴晒，不耐积旱不耐湿，耐修剪。花期在3—5月。

栽培要点：在清明、立夏前进行扦插。喜排水良好的微酸性壤土，不可有积水。夏季高温时宜早晚浇2次水，春秋时期浇水要相应减少。花后应修剪，以期增加分枝，增加来年开花数量。

丽水市现有示范栽培赏花点：松阳古市等美丽乡村景观带及民宿园艺小品。

四月

油菜 / *Brassica campestris* L.

April

习性：喜阳，喜冷凉，抗寒抗冻，发芽最低温度 4~6℃。花期在 3—4 月。

栽培要点：育苗或直播。直播最晚在 11 月初；育苗期在 9—10 月，移栽最晚在 11 月中下旬。高海拔地区应适当提早进行。开“三沟”防水渍。建议在稻收获后栽培，可作为大面积景观。

丽水市现有栽培观花观果点：莲都老竹村、龙泉黄南村、青田小舟山、云和规溪村、庆元黄坞村、缙云河阳古村、遂昌云峰马头、南尖岩、景宁郑坑乡等丽水市美丽乡村农旅融合景观带。

牡丹 / *Paeonia suffruticosa* Andr.

习性：喜温暖、凉爽干燥，耐寒，耐干旱，耐弱碱，忌积水，怕烈日直射。花期4—5月。花可食用，根皮可入药（丹皮），籽可榨油。

栽培要点：在9月至10上旬分株栽植，选择沙壤，需保持土壤湿润无积水。可结合油用牡丹栽培项目区进行。

丽水市现有栽培赏花点：碧湖镇周巷村、缙云新碧岩沿、云和规溪村等油用牡丹基地等丽水市美丽乡村景观带。

紫云英 / *Astragalus sinicus* Linn.

习性：较耐寒，耐湿，忌涝，不耐旱，花期在3—6月，持续30~40天。
栽培要点：在9月下旬至10月上旬播种，亩用种2千克。播种前应晒种、擦种，以利全苗。开“三沟”，防水渍。建议在冬闲稻田套播种植此绿肥。
丽水市现有栽培赏花点：丽水市所有冬闲稻田套播绿肥的农旅融合田园。

金鱼草 / *Antirrhinum majus* L.

习性：喜阳光，较耐寒，不耐酷暑。花期在12月至翌年5月。
栽培要点：春秋季均可播种，秋播苗比春播苗生长健壮，开花茂盛，花期长。露地栽培在4—5月开花，设施配套温室可在12月后陆续开放。
丽水市现有栽培赏花点：云和县石浦花海等丽水市各县美丽乡村景观带。

茶 树 / *Camellia sinensis* (L.) O. Kuntze

习性：喜微酸性土壤。一年四季茶园均可观景。4 月为茶芽萌发旺期。

栽培要点：选择白叶 1 号，中黄 1 号、2 号，景白 1 号等白化、黄化品种及其他具观赏价值的健壮茶苗栽种，一般在 11 月至翌年 2 月茶苗萌芽前移植；栽前做好整形修剪，除草、施肥工作；建议结合生产茶园设计农旅融合建设。

丽水市现有栽培景观点：松阳大木山骑行茶园、龙泉金观音基地、遂昌大柘万亩观光茶园、景宁奇尔天堂湖等县农旅融合观光茶园。

铁皮石斛 / *Dendrobium officinale* Kimura et Migo

习性：喜温暖，湿润，通风，半荫半阳的环境，不耐寒。花期在3—6月，盛花期在4月，其茎可入药。

栽培要点：栽培前炼苗抗寒；春季4—6月可将苗移栽到干净的大棚中，适当遮荫，夏季要做好降温工作，棚温不要超过30℃；培养基质要求透气保水，无病原菌；建议在设施区栽培及仿生树栽。

丽水市现有栽培景观点：庆元上庄、缙云双峰绿园、莲都碧湖、松阳等各县石斛农旅融合观光基地。

云南黄馨 / *Jasminum mesnyi* Hance

习性：喜光，稍耐荫，喜温暖，不耐寒，花期集中在3—4月。

栽培要点：可在春秋两季扦插。春季选芽标准是未萌动但快要萌动时进行或在花后进行；秋季可在9—10月或结合整形修剪时进行。花期过后应修剪整枝，有利于再生新枝及开花。

丽水市现有栽培赏花点：丽水市各县美丽乡村景观带。

红花酢浆草 / *Oxalis corymbosa* DC.

习性：喜向阳、温暖、湿润的环境。花期在3—4月，4月最旺。丽水市各县均有野生植株分布。

栽培要点：栽种球茎、分株繁殖或播种，春、秋季皆可。春播时当年开花，秋播时到第二年才能开花。

丽水市现有栽培赏花点：丽水市各县美丽乡村景观带。

四季海棠 / *Begonia semperflorens* Link et Otto

习性：喜阳光，稍耐荫，怕寒冷，喜温暖，怕热及水涝。3—4月是旺花期。可加工制作药用。

栽培要点：在春季4—5月及秋季8—9月播种最适宜；多年生，老株可分株。春、秋季节浇水适当多一些。夏天要注意遮荫，通风排水。

丽水市现有栽培赏花点：丽水市各县美丽乡村景观带及民宿小品。

美女樱 / *Verbena hybrida* Voss

习性：喜阳光，不耐荫，较耐寒，不耐旱。4月下旬至10月均有花开。全草可入药，有清热凉血功效。

栽培要点：播种在15~17℃时，经2—3周出苗；扦插可在5—6月进行。根系较浅，夏季应注意浇水，防止干旱；但水分过多，茎细弱徒长，开花量减少。

丽水市现有栽培赏花点：丽水市各县美丽乡村景观带及民宿景观小品。

五月

杜鹃 / *Rhododendron simsii* Planch.

May

习性：常绿灌木，耐寒怕热。花期4—5月。

栽培要点：扦插繁殖，盆栽或地栽，四季均可进行。要求土壤肥沃偏酸性、疏松通透。

丽水市现有栽培赏花点：云和崇头镇叶垟村白鹤尖、缙云大洋镇大洋山、景宁上山头、松阳箬寮、庆元上济、济下、良官田、百山祖等野生杜鹃赏花点及人工栽培美丽乡村景观带。

芍药 / *Paeonia lactiflora* Pall.

习性： 喜温，耐冷热，不耐涝（积水 6—8 小时烂根），草本植物，要求干燥环境。花可食用或茶饮，根可入药，即中药白芍。

栽培要点： 种根繁殖或分株繁殖，亦可播种。在 9 月下旬至 11 月上旬定植，3 月萌芽，5 月为开花期，土层厚，选用排水性好的沙壤土，忌盐碱土。不能有积水。建议结合中药材种植，项目设计观光园区。

丽水市现有栽培赏花点： 缙云七里乡天寿村等中药材农旅融合基地。

黄花菜（金针花）/ *Hemerocallis citrina* Baroni

习性：耐瘠，耐旱，忌土壤过湿或积水。在 5—9 月持续开花。黄花菜可食用，新鲜花蕾有毒，须经沸水焯过稍长时间才可食用。

栽培要点：叶枯萎后或早春萌发前分株。种子繁殖宜秋播，播种苗培育 2 年后开花。

丽水市现有栽培景观点：缙云舒洪、雅江、桃源等黄花菜蔬菜农旅融合基地及丽水市各县美丽乡村景观带。

枇 杷 / *Eriobotrya japonica* (Thunb.) Lindl.

习性：高大常绿乔木，喜光，喜温暖，不耐严寒，冬季要求气温不低于 -5℃，花期、幼果期在气温不低于 0℃的地区都能生长良好。在 10—12 月开花，5 月果成熟，果可鲜食。叶、花均可入药。

栽培要点：春季栽植；嫁接繁殖。宜选择平整，土层深厚疏松、肥沃、富含有机质的田地定植，以土壤 pH6.0 为最适宜。开深沟定植；矮化疏植，亩栽 25~35 株；3 月疏果、套袋；忌积水、暴晒；成熟期应注意防鸟害、防晒、防雨。

丽水市现有栽培采摘点：莲都区太平乡下岙村，经济开发区南明街道等。

石 竹 / *Dianthus chinensis* Linn.

习性：耐寒，耐干旱，不耐酷暑，喜阳光充足，通风。花期在 5—6 月。

栽培要点：在 9 月播种，当苗长出 4~5 片叶时可移植，翌年春开花，或于 11—12 月冷室盆播，翌年 4 月定植于露地。夏季植株大多生长不良或枯萎，所以栽培时应注意遮荫降温。

丽水市现有栽培赏花点：景宁大东等丽水市各县美丽乡村景观带。

韭 兰 / *Zephyranthes grandiflora* Lindl.

习性：耐旱，抗高温，喜光，也耐半荫。喜温暖，也较耐寒，喜湿润，怕水淹。花期在5—8月。

栽培要点：用分株法繁殖或用鳞茎栽植，全年均能进行，但以春季最佳。建议用于景观色带、庭院。

丽水市现有栽培赏花点：丽水市各县美丽乡村景观带及民宿园艺小品。

火龙果 / *Hylocereus undulatus* Britt.

习性：喜光，耐荫，耐热，耐旱，喜肥，耐瘠，耐0℃低温和40℃高温。

栽培要点：春季扦插，一般栽后一年开始开花和挂果，4—11月为开花结果期，花后30~40天果实成熟；应薄肥勤施，注重增施有机肥，开花结果期要增加钾肥。建议用于设施栽培，结合采摘观游。

丽水市现有栽培赏花点：莲都碧湖、龙泉兰巨、松阳水南街道、青田仁宫等观光采摘果园都碧湖，龙泉兰巨，松阳水南街道，青田仁宫等观光采摘果园。

杨 梅 / *Myrica rubra Siebold* et Zuccarini

June

习性： 常绿乔木，有根瘤菌；喜温，喜酸性土壤，耐荫，其抗寒能力比柑橘、枇杷强。3月开花，6月成熟，果味酸甜。

栽培要点： 春季栽植，嫁接繁殖；整地应采用修筑等高梯田、等高撩壕和鱼鳞坑方法。亩栽15~35株；自然开心形树冠；4月疏果，分批采收。成熟期注意防雨、避雨、防虫。

丽水市现有栽培采摘点： 青田园南街道、仁宫乡、舒桥乡、高市乡、万阜乡、船寮镇、贵岙乡；缙云县舒洪镇、壶镇镇、莲都区碧湖镇、岩泉街道。

向日葵 / *Helianthus annuus* Linn.

习性：油料作物，喜暖，耐热，耐旱。因不同播种期，花期在6—11月。

栽培要点：播种期在3—4月，生长60天左右开花；对土壤要求不严格，在各类土壤上均能生长，有较强的耐盐碱能力。建议设计为大面积景观。

丽水市现有栽培景观点：缙云仙都、景宁大均伏叶村、龙泉建胜村、云和石浦、莲都莲房村等丽水市美丽乡村景观带。

马鞭草 / *Verbena officinalis* Linn.

习性： 喜温暖，适温为 20~30℃，不耐寒，10℃以下时生长较迟缓，花期很长，在 6—10 月。

栽培要点： 春季 4 月选择土层深厚壤土或沙壤土播种，条播。建议成片种植，设计成景观带。

丽水市现有栽培赏花点： 云和石浦等丽水美丽乡村景观带。

樱桃番茄 / *Lycopersicon esculentum* Miller

习性：喜温凉，适温 20~28℃，气温高于 35℃时，植株生长缓慢，搭架或吊蔓栽培。

栽培要点：育苗栽培，苗期 25—40 天，温度适宜时 25 天左右出苗；移栽株距 35~40 厘米，春茬在 2 月中下旬定植，4—7 月可采收；秋茬在 8 月底定植，10—12 月可采收。建议进行设施栽培。

丽水市现有栽培采摘观光点：莲都、龙泉兰巨乡现代农业园区等等丽水各县农旅融合蔬菜基地。

太阳花（大花马齿苋）/ *Portulaca grandiflora* Hook.

习性：喜温暖，湿润，半荫，花在早晚闭合，中午开放，6—9 月花开不断。
栽培要点：于 9 月至 10 月上旬，条播或穴播。沙质壤土或腐殖质壤土为好。土壤黏重和低洼易积水的地块不宜种。
丽水市现有栽培赏花点：丽水市各县美丽乡村景观带及民宿园艺小品。

金丝桃 / *Hypericum monogynum* Linn.

习性：半常绿小乔木或灌木，喜湿润半荫之地，不甚耐寒。花期在6—7月。

栽培要点：分株在冬春季进行；扦插用硬枝，在早春萌发前进行；播种则在3—4月进行，种子细小，覆薄土并盖草保湿，一般20天即可萌发，头年分栽1次，第二年就能开花。

丽水市现有栽培赏花点：丽水市各县美丽乡村景观带。

蓝 莓 / *Vaccinium* Spp.

习性：多年生落叶小灌木，根浅，喜湿润；浆果，呈蓝色。边开花边结果；要求土壤疏松，通气良好。蓝莓有矮丛、高丛、半高丛、兔眼之分，品种众多。

栽培要点：冬春季栽植，在定植前将河沙或锯木、草炭、烂树皮等掺入土壤中，使培植土的pH值在4—5的强酸性土，才能适合蓝莓生长。组织培养、扦插、分株繁殖。4月开花，成熟期间品种不同，成熟在5—8月。此时要注意防鸟、防雨、避雨和暴晒。

丽水市现有栽培采摘点：莲都区老竹镇、仙渡乡、联城街道；松阳县板桥乡、斋坛乡、大东坝镇；缙云县东渡镇；龙泉市西街街道。

莲 花 / *Nelumbo nucifera* Gaertn. **July**

习性：喜阳，喜肥，喜静水，喜温暖，耐高温，地下部耐寒。花期在6—9月，以7月盛花期。

栽培要点：扦插藕芽或播种。在4—5月底种藕芽时，在播种需要破皮，播种以春夏为宜。应选择土层深厚，有机质高，蓄水能力强田块。建议结合白莲、莲藕种植设计景观。

丽水市现有栽培赏花点：莲都老竹、大港头利山村、缙云河阳古村、龙泉圩头村、松阳大东坝等。

卷丹百合（药用）/ *Lilium dauricum* Ker-Gawl.

习性：多年生宿根草本植物，喜凉爽，较耐寒，怕高温，喜干燥，喜荫。花期 7—8 月。

栽培要点：种球 3—4 月或 9—10 月定植，黏重排水不良地块不适宜栽培。栽培间距 40 厘米左右，不宜太密。苗期做好除草工作。建议结合中药材种植。

丽水市现有栽培赏花点：青田舒桥乡等中药材农旅融合观光基地。

香水百合 / *Lilium brownii* var. *viridulum* Baker

习性：喜凉爽潮湿，日光充足的地方、略荫蔽的环境更为适合，花期7—8月。切花生产时，种球春化处理加温室可实现周年供应。

栽培要点：用种球在3—4月或9—10月定植，定植后4周内不施肥。栽培间距40厘米左右，不宜太密。苗期做好除草工作。建议结合切花种植，采用设施栽培技术可实现周年生产。

丽水市现有栽培赏花点：莲都碧湖任村浙江格丽雅园艺公司基地。

葡 萄 / *Vitis vinifera* Linn.

习性：所需最低气温约 12~15℃，果期 7—9 月。

栽培要点：以扦插为主，一般在 3—4 月进行。棚架搭好，做好避雨工作，减少病害。建议结合果园种植，庭院种植。

丽水市现有栽培赏花点：云和沙溪村、缙云双溪口、莲都仙渡、遂昌北界等丽水各县农旅结合观光果园。

提 子 / *Vitis vinifera* Linn.

习性： 提子属于欧亚种葡萄，所需最低气温约 12~15℃，果期 7—9 月。

栽培要点： 以扦插繁殖为主，一般在 3—4 月进行。棚架搭好，做好避雨工作，减少病害，主要管理参照葡萄管理。建议结合果园种植，庭院种植，设计景观栽培。

丽水市现有栽培采摘观光点： 遂昌北界、云和沙溪、缙云双溪口等丽水各县农旅结合观光果园。

波斯菊 / *Cosmos bipinnata* Cav.

习性： 一年生或多年生草本，喜温暖、阳光充足，耐寒，怕半荫和高温。花期 6—8 月。

栽培要点： 4 月中旬露地床播，如温度适宜，经 6—7 天小苗即可出土。不可积水，不可过肥，易引起枝叶徒长，影响开花质量。

丽水市现有栽培赏花点： 缙云新建镇洋山村花园岙、五云街道白岩村，云和石浦等丽水美丽乡村景观带。

金鸡菊 / *Coreopsis drummondii* Torr. et Gray

习性：耐寒，又耐干旱，喜光，耐半荫，适应性强，对二氧化硫有较强的抗性。

栽培要点：金鸡菊栽培容易，常能自行繁衍，春季播种，雨后应及时进行排水防涝。建议作为大片种植品种或景观色带用种。

丽水市现有栽培赏花点：云和石浦、庆元西洋殿等丽水美丽乡村景观带。

鸡冠花 / *Celosia cristata* Linn.

习性：喜阳光充足、湿热，不耐霜冻，不耐瘠薄。花期很长，7—9 月。
栽培要点：清明前后直播或育苗移栽，生长期浇水不能过多，开花后应控制浇水。
丽水市现有栽培赏花点：云和县城浮云溪畔等丽水各县美丽乡村景观带。

紫 薇 / *Lagerstroemia indica* Linn.

习性：性喜温暖，喜光，抗寒，喜肥，忌涝，萌蘖性强。具有较强的抗污染能力，对二氧化硫、氟化氢及氯气的抗性较强。树姿优美，花色艳丽；开花时正当夏秋少花季节，花期在 6—10 月。
栽培要点：在 11 月至翌年 2 月萌芽前移栽，栽培管理粗放，具有易栽、易管理的特点，水肥管理适当，一年中经多次修剪，可使其开花多次，在造景栽培中可根据当地的实际情况采用孤植、对植、群植、丛植和列植等方式进行。
丽水市现有栽培赏花点：丽水各县美丽乡村景观带及民宿园艺小品。

凌霄 / *Campsis grandiflora* (Thunb.) Schum.

习性： 喜充足阳光，也耐半荫，耐寒，耐旱，耐瘠薄，忌酸性土，忌积涝和湿热。

栽培要点： 可在春季或雨季进行扦插；不喜欢大肥，不要施肥过多，否则影响开花；较耐水湿，并有一定的耐盐碱性能力。建议路边、公园、墙垣零散种植。

丽水市现有栽培赏花点： 丽水市各县美丽乡村景观带及民宿园艺小品。

桔梗 / *Platycodon grandiflorus* (Jacq.) A. DC.

习性： 多年生草本，喜凉爽，耐寒，抗旱，怕涝，花期 7—9 月。

栽培要点： 分株或育苗移栽，亦可直播。在 4 月下旬至 5 月播种。适合海拔 1100 米以下栽培。建议结合中药材种植项目设计此品种的应用。

丽水市现有栽培赏花点： 景宁等丽水市各县中药材农旅融合观光基地。

百日草 / *Zinnia elegans* Jacq.

习性：喜阳光充足、湿热，不耐霜冻，不耐瘠薄。花期很长，7—9月。

栽培要点：清明前后直播或育苗移栽，生长期浇水不能过多，开花后控制浇水。

丽水市现有栽培赏花点：云和县城浮云溪畔等丽水市各县美丽乡村景观带。

叶子花（三角梅）/ *Bougainvillea spectabilis* Willd.

习性：喜温暖湿润，耐干旱盐碱，耐修剪，忌积水，不耐寒。0℃上才可安全越冬，15℃以上方可开花。盆栽叶子花，只要光、温、水、肥满足，一年四季都可开花。丽水花期一般在 3—10 月。

栽培要点：常用扦插繁殖，在 3—6 月进行，对土壤要求不严，但在肥沃、疏松、排水好的沙质壤土能旺盛生长；注意修剪，能促早开花及多次开花；在丽水等地通常盆栽，露地栽培过冬须有防寒措施。

丽水市现有栽培赏花点：丽水各县美丽乡村景观带及民宿园艺小品。

丝瓜 / *Luffa cylindrica* (Linn.) Roem.

August

习性：喜温暖湿润，喜肥，短日照作物，适宜温度 20~30℃，怕干旱。

栽培要点：在 5—7 月均可播种，在 7—10 月采收；选择土层深厚、肥沃田块，施足底肥；播种：穴播即可，亦可育苗移栽。建议结合蔬菜生菜建设景观长廊。

丽水市现有栽培赏花观果点：龙泉兰巨乡，缙云浙大农业科技观光园，庆元月山等。

观赏南瓜 / *Cucurbita moschata* (Duch. ex Lam.) Duch. ex Poiret

习性：喜温暖湿润，喜肥，短日照作物，耐旱性强。

栽培要点：5—7 月均可播种，7—10 月采收；巨型南瓜地栽，小型观赏观赏瓜可以搭架作长廊。建议结合蔬菜生菜建设景观长廊。

丽水市现有栽培赏花观果点：缙云浙大农业科技观光园。

葱 兰 / *Zephyranthes candida* (Lindl.) Herb.v

习性：喜肥沃土壤，耐半荫与低湿，较耐寒，保持常绿。6—9月开花，花期长。
栽培要点：在早春土壤解冻后进行分株。栽培须注意冬季适当防寒。
丽水市现有栽培赏花点：丽水市各县美丽乡村景观带及民宿小品。

茉 莉 / *Jasminum sambac* (L.)Ait.

习性：喜温暖湿润，半荫，大多数品种畏寒畏旱，不耐霜冻、湿涝和碱土。花期5—8月。

栽培要点：扦插于4—10月进行；冬季应注意防寒，气温低于3℃时，枝叶易遭受冻害，如持续时间长就会死亡。建议可结合茉莉花茶窨花原料基地及景观色带。

丽水市现有栽培赏花点：丽水市各县美丽乡村景观带及民宿小品。

木槿花 / *Hibiscus syriacus* Linn.

习性：落叶灌木或小乔木，性喜温凉、湿润、阳光充足的气候条件，喜肥沃的中性至微酸性土壤，花期在6—9月，8月为盛花期；此花可食用，可入药。

栽培要点：播种、扦插、嫁接法繁殖番茄。对土壤要求不严，较耐瘠薄，能在黏重或碱性土壤中生长，忌干旱，生长期须适时适量浇水，经常保持土壤湿润。

丽水市现有栽培赏花点：龙泉兰巨等地作为食用花卉大面积栽培，莲都卢镗街沿路景观种植及丽水市各县乡村庭前屋后。

菊 花 / *Dendranthema morifolium* (Ramat.) Tzvel.

September

习性：短日照植物，喜阳光，忌阴蔽，较耐旱，怕涝。花期 9—11 月。

栽培要点：在 4—6 月扦插，定植。肥沃而排水良好的沙壤土为好。经受微霜，但幼苗生长和分枝孕蕾期需较高的气温。

丽水市现有栽培赏花观果点：丽水市各县美丽乡村景观带及民宿园艺小品。

木芙蓉 / *Hibiscus mutabilis* Linn.

习性：喜光，稍耐荫，喜温暖湿润，不耐寒，抗性特强，抗二氧化硫。花期在 9—10 月。
栽培要点：扦插多在秋末冬初进行，压条在 6—7 月进行，分株在 2—3 月进行。
丽水现有栽培赏花点：缙云仙都街道铁城村等丽水市美丽乡村景观带。

千日红 / *Gomphrena globosa* Linn.

习性：一年生直立草本植物，喜阳光、耐干热、较耐旱。花期 7—10 月。
栽培要点：4—5 月播种，6 月定植。栽培地点不可过于荫蔽，否则生长缓慢、花色暗淡。
丽水市现有栽培赏花点：庆元西洋殿等丽水市美丽乡村景观带。

大花美人蕉 / *Canna generalis* Bailey

习性：喜高温炎热，阳光充足，耐湿，忌积水。
栽培要点：在 4—5 月分株。注意避免强风；冬季地上部枯萎，地下根茎可露地越冬。
丽水市现有栽培赏花点：丽水市各县美丽乡村景观带。

五色椒 / *Capsicum frutescens* L. Var. *cerasiforme* (Mell.) Baill.

习性：多年生半木质性植物，常作一年生栽培，不耐寒，性喜温热，向阳。
栽培要点：4—6 月育苗移栽，在潮湿肥沃、疏松的土壤生长良好，环境要求光线充足，干燥。建议盆栽，或结合蔬菜生菜做景观色带。
丽水市现有栽培赏花点：龙泉兰巨现代农业园区。

球根海棠 / *Begonia grandis* Dry.

习性：荫性花卉，喜温暖，不耐高温，也不耐寒，喜湿润，半荫环境，怕水涝，花期 7—10 月。
栽培要点：播种：易结籽品种进行春播或秋播；块茎繁殖；扦插：用于不易结籽的重瓣品种，6—7 月扦插于粗沙中。建议盆栽，亦可作景观色带。
丽水市现有栽培赏花点：丽水市各县美丽乡村景观带及民宿小品。

万寿菊 / *Tagetes erecta* Linn.

习性：喜温暖，喜阳，稍耐早霜。早熟品种 40 天开花，晚熟品种 90 天开花，花期 7—9 月。
栽培要点：春季播种，育苗后移栽。亦可于 5—6 月用扦插法。生长迅速，栽培容易，病虫害较少。建议景观色带，亦可盆栽。
丽水市现有栽培赏花点：丽水市各县美丽乡村景观带。

水 稻（彩色稻应用） / *Oryza sativa* Linn.

October

习性：一年生草本，喜阳，喜温暖，需水量大。除季相变化造景外，可利用不同彩色稻进行图案式景观设计。

栽培要点：在 4 月中旬至 6 月上旬播种，做好育秧工作，选择水利方便，保水田块，施足底肥，追分蘖肥、穗肥，做好病虫害防治。

丽水市现有栽培景观点：云和梅源梯田、青田小舟山、景宁马坑心形梯田、龙泉李山头、缙云新建等。

西红花 / *Crocus sativus* Linn.

习性：喜温和、凉爽，怕炎热，较耐寒，忌积水，适温为2~19℃。花期在10—11月。花的干燥柱头为名贵中药。

栽培要点：球茎露地在9月栽培。室内开花的球茎在10月下旬至11月中旬在室内把80%的花采摘后，立即移栽于大田。在高温25℃情况下适当遮荫，忌连作。建议结合中药材种植。

丽水市现有栽培赏花点：缙云前路乡南弄村等中药材农旅融合观光基地。

长春花 / *Catharanthus roseus* (Linn.) G. Don

习性：性喜高温、高湿，耐半荫，不耐严寒，喜阳光，忌湿怕涝。喜高温、高湿、耐半阴，不耐严寒，喜阳光，忌湿怕涝。

栽培要点：在3—5月育苗移栽。摘心是管理关键，一般4~6片真叶时摘心，新稍长出4~6叶时行第二次摘心，但不超过3次，摘心结束后25天左右开花。

丽水市现有栽培赏花点：丽水市各县美丽乡村景观带。

大丽花 / *Dahlia pinnata* Cav.

习性：喜半荫，不耐干旱，不耐涝，花期很长，在6—11月均有花开。

栽培要点：在春季3—4月分株繁殖。播种：一般秋季采收的种子在翌年2—3月间播种。建议盆栽、零散种植，亦可作景观色带。

丽水市现有栽培赏花点：丽水各县美丽乡村景观带及民宿景观小品。

醉蝶花 / *Cleome spinosa* Jacq.

习性：喜高温，较耐暑热，忌寒冷，喜阳光充足地，半耐荫。花期 9—10 月。
栽培要点：在 3—4 月直播或育苗移栽，开花后及时摘除残花可以延长花期。
丽水市现有栽培赏花点：石浦花海等等丽水美丽乡村景观带。

凤仙花 / *Impatiens balsamina* Linn.

习性：草本植物，性喜阳光，怕湿，耐热，不耐寒。
栽培要点：4 月播种最为适宜，移栽。栽培简单，7 月播种则可以将花期控制在国庆节期间。
丽水市现有栽培赏花点：丽水市各县美丽乡村景观带及民宿园艺小品。

一串红 / *Salvia splendens* Ker-Gawler

习性：喜阳，也耐半荫。播种到开花期约 100 天，花期约有 2 个月。
栽培要点：春季播种，9—10 月开花。为了防止徒长，要少浇水、勤松土，并施追肥。建议景观色带，亦可盆栽。
丽水市现有栽培赏花点：丽水市各县美丽乡村景观带及民宿园艺小品。

皇 菊 / *Dendranthema morifolium* (Ramat.) Tzvel.

November

习性：短日照植物，在短日照下能提早开花。喜阳光，忌荫蔽，较耐旱，怕涝。

栽培要点：在 4—6 月扦插，定植。地势高、土层深厚、富含腐殖质、轻松肥沃而排水良好的沙壤土为好。建议结合皇菊产业发展设计景观植物。

丽水市现有栽培赏花点：莲都岩泉叶坪头，松阳象溪镇上梅等。

荞 麦 / *Fagopyrum esculentum* Moench

习性：需水需肥多，不耐高温和霜冻。短日照、忌涝。花期 25—40 天。

栽培要点：开好三沟，整理田块。9 月上旬撒播、条播均可，亩用种量 2~3 千克，平时做好防渍涝、防旱工作。花田放置蜂箱可以提高结实率。建议稻后大田种植。

丽水现有栽培景观点：遂昌三仁乡等农旅融合旱粮基地。

山茶花 / *Camellia japonica* Linn.

习性：长日照植物，喜阳，怕高温，喜微酸，怕涝。12 月至翌年 4 月能陆续开花，以红色为主。

栽培要点：在 5 月扦插。适生于肥沃疏松、排水良好的酸性沙质土壤中，碱性土和黏土不适宜种植茶梅。注意不要直射光暴晒，幼苗须遮荫。

丽水市现有栽培赏花点：丽水市各县美丽乡村景观带及民宿小品。

柑橘 / *Citrus reticulata* Blanco

习性： 热带、亚热带常绿果树，性喜温暖、湿润气候。品种众多，包括柑、橘、橙、柚、金柑、柠檬等。于4月开花，品种不同，成熟期不同，在9—12月成熟；果品耐储运。

栽培要点： 春季栽植，嫁接繁殖；亩栽约50~70株；春季修剪；培养枝干分布合理，树冠通风透光，树体结果稳定的树冠；在7—8月疏果，分批采收或完熟采收。

丽水市现有栽培采摘点： 莲都区紫金街道、太平乡、大港头镇等；庆云县松源街道、竹口镇、淤上乡、屏都镇；松阳县西屏镇、古市镇等。

腊 梅 / *Chimonanthus praecox* (L.) Link

December

习性：常丛生，喜阳光，能耐荫、耐寒、耐旱，忌渍水。

栽培要点：露地栽植，一般在春季萌芽前栽植。建议孤植、对植或群植，也可散生于松林、竹丛之间。

丽水市现有栽培赏花点：碧湖浦塘村等丽水市美丽乡村景观带。

柿子 / *Diospyros cathayensis* Steward

习性： 多年生落叶大乔木，深根性，适应力强。喜阳、耐寒，喜湿润、耐干旱，忌积水。花期 5—6 月，果实成熟期 10—12 月。在 12 月雪天以柿红雪白景观令人赞叹，最适合观赏。

栽培要点： 春季和秋季进行嫁接繁殖，可片植果农生产种植。也可孤植、对植、群植在茶园、村头村尾等作为观果树，结合农旅观光栽植。

丽水市现有栽培赏花点： 松阳县枫坪乡浴坑岭头村、水南岩西村等丽水市各县美丽乡村景观带。

经典赏花线路

Strategy

梨花

最佳赏花期：4 月初

1 龙泉车盘坑村

屏南镇车盘坑村村内清一色的黄泥墙体的房屋错落有致，上百棵树龄三百余年的梨树环村而立，每到花开时节，雪白色的花朵映衬着黄泥黑瓦，分外美丽，堪比世外桃源。

门票：免费

交通指示：龙庆高速查田出口下，S54 省道往小梅大窑方向，距龙泉市区 48 公里。

2 阜山乡周山

周山屋前屋后，村头村尾，遍栽梨树，正当三月阳春，千万枝梨花一起开放的时节，蔚为壮观，于是称之为“梨花村”。近年来引得诸多摄影家前往创作，成为远近闻名的赏梨花、看云海、观日出的赏花摄影基地。

门票：免费

交通指示：青田县城水南县道往阜山方向。

3 庆元竹口

庆元县竹口镇黄坛村水干果园区于 2002 年开始建设，是丽水市最大的水干果园区，总面积 5 500 亩，其中翠冠梨 1 100 亩。

门票：免费

交通指示：龙庆高速庆元出口进入庆元境内，前往竹口镇黄坛村。

松阳县三都乡

三都乡地处松阳东北，与丽水、武义毗邻。三都乡所在地距县城 15 公里，交通便利，风景优美，有梨 5000 亩，每年都举办梨花节。

门票：免费

交通指示：松阳→三都乡各村。

云和重河湾水果基地

重河湾现代农业示范区位于云和城西，是集果品生产、良种培育、新技术推广于一体的试验示范基地。园区现有以云和雪梨、国外李为主的果树优新品种示范基地 1 800 亩。

门票：免费

交通指示：云和县城高速出口往赤石方向约 7 公里赤石隧道旁边。

云和包山

包山村海拔 700 多米，村貌古朴，村里保存着大量的旧式土木结构房子，整体别具风格，黄泥墙、青石瓦、石子路。听着花鼓戏，赏梨花争艳，别有一翻情趣。

门票：免费

交通指示：云和高速出口下，右拐往景宁方向，过大徐隧道，到梅湾村后直达包山村，从云和高速口到包山村约 40 分钟车程。

油菜花

最佳看花期：3—4 月，海拔越高的地方，花期越晚。

龙泉黄南村

黄南村，是浙江省历史文化名村，素有“龙泉南乡粮仓”之美誉。黄南村种有 500 余亩成片油菜花，每到春天，成片绽放，景色十分优美。

门票：免费

交通指示：龙庆高速查田出口下，S54 省道过查田镇转入查供线至黄南村，位于龙泉市的南部，距市区 37.5 公里。

青田小舟山

2013 年，小舟山梯田连片种植油菜花、水稻，并开展了相关创意：将油菜花种成心形图形和英文“love”造型，受到了中央电视台、浙江电视台及诸多媒体关注。2015 年小舟山乡在小舟山、丁坑、葵山、新建等 4 个村种植了 1 000 余亩油菜，与中国美院、《浙江日报》、青田石雕艺术学校合作种植了 15 个创意油菜图案，主要内容围绕农耕文化。

门票：免费

交通指示：金丽温高速温溪出口下，57 省道温州方向约 3 公里，县道往小舟山约 20 公里。

松阳石仓

石仓古民居是浙江省历史文化保护区，油菜花散落于石仓古建筑群落间，约有 500~700 亩，虽然较松散稀疏，但颇有江西婺源的感觉。遍地黄花、引人入胜。

门票：免费

交通指示：市区→松阳县象溪镇→港口村→大东坝镇→石仓线路。石仓距离松阳县城 30 余公里，有班车可直达。

遂昌南尖岩

南尖岩油菜花的花期是 3 月中旬到 4 月上旬。漫山遍野的油菜花，层层叠叠，一片金黄。连绵的群山，高处是漫山的竹林，低处流淌着清澈的溪流，置身于花海之中，可近观，可远眺，让人心旷神怡。

门票：80 元

交通指示：龙丽高速于遂昌下，转三际线到景区。

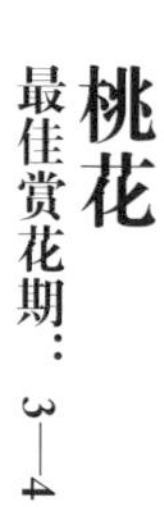

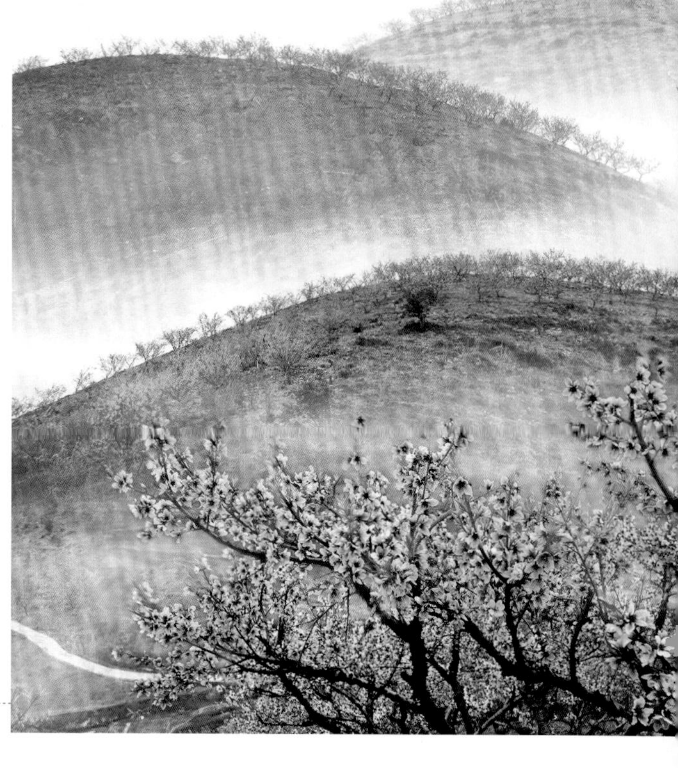

莲都横岗村

太平乡种植桃子面积 5 000 亩，以迎庆桃为主，主要分布在横岗、下樟、巨溪一片，每年三月桃花盛开之时，从彰口塘村开始往巨溪或是横岗村，满山遍野尽是桃源花海，形成了以横岗为中心的桃花园。

门票：免费

交通指示：丽水城区自驾走环城北线向联城、太平方向按指示牌至小安村再到横岗村，大约 1 小时车程。

莲都岭头村简介

仙渡乡岭头村是省级农家乐特色村，位于仙渡乡南部山区，海拔 500 米，距丽水城区 26 公里。每年阳春三月，以岭头为核心的万亩桃花竞相开放，万山红遍，花海叠浪，景象甚为壮观。目前已有 13 户从事农家乐经营活动，形成了以休闲观光、农事体验、果品采摘、摄影等活动为主题的一日游项目。

门票：免费

交通指示：丽水城区自驾往缙云方向经 330 复线至滴水岩，抵达仙渡乡政府再到岭头村。

九坑桃花

赏花范围包括下林、下沈、后弄三个行政村，赏花面积也由千亩增至万亩。“品农家果、尝农家菜、吃农家饭、喝农家酒、观桃花景”为主题的一日乡村游活动，九坑无疑是最好的选择之一。

门票：免费

交通指示：自驾走环城北线向联城方向按指示牌直达九坑村。

青田章旦

章旦生态农业园坐落在章旦乡红萝山，距县城 9 公里，是一家集水果基地、立体生态养殖、农业休闲观光为一体的现代农业示范园区。早春时节，漫山遍野的桃花竞相开放，赏心悦目、美不胜收，让你留恋忘返。

门票：免费

交通指示：县城水南县道往章旦方向约 9 公里。

其他看桃花地点推荐

仙都景区下洋村至前湖村一带，无需门票，从缙云高速出口下，往仙都景区。

壶镇镇左库万亩桃花基地，无需门票，从缙云高速出口下，往壶镇方向至左库。

前路乡南弄村，无需门票，从缙云高速出口下，往壶镇方向至南弄村。

杏花

最佳看花期：3月

缙云县双溪口乡姓潘村

春天的第一场看花之约，可以去缙云的姓潘村。无论你是驴友、摄影家，还是情侣、闺蜜，或是带着孩子出游的父母，这一天，慢慢地体会杏花村古朴的美意吧。

门票：无

自驾游交通指引：缙云高速出口下，缙云县城往东，沿平黄公路（舒洪镇—溶江乡—双溪口乡）至姓潘村。

樱花

最佳赏花期：3—4月

黄岭上村

黄岭上村位于丽新乡境内，距离市区 40 公里，是中国摄影之乡——丽水市的摄影基地。月亮湖畔桃红柳绿，30 亩“樱花岛”浪漫樱花随风飘舞，湖边水杉、柳树林立，绿意盎然。全村现有 3 家农家乐经营户，能同时接待 200 多人进餐，为游客提供优质服务。

门票：免票

交通提示：从丽水自驾车往老竹镇方向，约 30 公里处（瑶畈村）过桥往竹道方向，再开 6 公里即到；或从丽水自驾车约 37 公里直达丽新乡政府所在地畎岸村，再开 3 公里即到。

作物景观咨询与种源途径

一、景观设计咨询单位

- 浙江省农业科学院　　地址：浙江省杭州市石桥路 198 号
  蔬菜研究所　　电话：0571-86404363
  园艺研究所　　电话：0571-86404018
  作物研究所　　电话：0571-86404176
- 浙江省亚热带作物研究所　　地址：浙江省温州市瓯海区景山　　电话：0577-88520312
- 浙江大学园林研究所
  网址：http://www.cab.zju.edu.cn/ILAG/（在网站中查询各专业老师的联系方式）
  地址：浙江省杭州市余杭塘路 866 号
- 丽水市农业科学研究院
  地址：丽水市丽阳街 827 号丽水农业科技大楼内园艺所　　电话：0578-2028299

二、种源供应单位

- 丽水花卉市场
  地址：丽水市东港路花卉市场（高铁站至汽车东站）
- 浙江格丽雅园艺有限公司（丽水基地：莲都任村）
  地址：浙江省杭州市余杭区紫藤路　　联系人：叶美琴　　15868831551
- 浙江虹越花卉股份有限公司（经营多种花卉苗木、种子）
  公司网址：http://www.hongyue.com（可查询种苗名录和各部门联系方式）
  电话：400-1890-001　　0573-87489610、87489611
- 浙江勿忘农种业股份有限公司（经营水稻、油菜、蔬菜、绿肥等种子）
  公司网址：http://www.wuwangnongseed.com（可查询种子品种情况）
  地址：杭州市秋涛北路 119 号　　电话：0571-86959893
- 浙江农科种业有限公司（经营水稻、油菜、蔬菜等种子）
  公司网址：http://www.zjnkzy.com（可查询种子品种情况）
  地址：浙江省杭州市石桥路 198 号　　电话：0571-86405286　86408618
- 网络途径：阿里巴巴官网及淘宝网 http://www.taobao.com
- 其他水稻油菜等种子可向当地农业部门咨询，园林花卉种子种苗可向当地园林部门咨询。

注：本书所提供的景观设计咨询机构和种源供应单位仅供参考，排序不分先后。

参考文献

[1] 胡立勇，丁艳锋 . 2008. 作物栽培学 [M]. 北京 : 高等教育出版社 . 1–5.

[2] 邓锡荣 . 2008. 农业景观的美学释义 [D]. 成都 : 西南交通大学 .

[3] 涂海英 . 2014. 杭州生产性植物景观评价与优化设计 [D]. 临安 : 浙江农林大学 .

[4] 王小雨，李婷婷，王崑 . 2012(7). 基于乡村景观意象的休闲农庄景观规划设计研究 [J]. 中国农学通报 . 297–301.

[5] 刘莹 . 2012. 现代农业园区景观规划设计研究 [D]. 合肥 : 安徽农业大学 .

[6] 许远 . 2010(3). 农作物在园林景观中的运用——以杭州八卦田公园为例 [J]. 农业科技与信息 . 49–51.

[7] 丽水市人民政府办公室 . 2012(12). 关于深化美丽乡村建设推进农家乐综合体创建工作的意见 [J]. 丽水市人民政府公报 . 32–35.

[8] 丽水市人民政府办公室 . 2015(7). 关于成立丽水市美丽乡村建设技术指导服务组的通知 [J]. 丽水市人民政府公报 . 25–27.

[9] 黄斌 . 2012. 闽南乡村景观规划研究 [D]. 福州 : 福建农林大学 .

[10] 陈英瑾 . 2012. 乡村景观特征评估与规划 [D]. 北京 : 清华大学 .

[11] 刘沙 . 2012(9). 乡村旅游吸引物体系的构建研究 [J]. 中国农学通报 . 312–316.

[12] 王泽锴 . 2014. 湖南乡村农作物景观设计研究 [D]. 长沙 : 湖南农业大学 .

[13] 罗凯 . 2013. 田园景观的内涵及其美的形式与特征 [A]. 中国农业资源与区划学会 . 2013 年中国农业资源与区划学会学术年会论文集 [C]. 中国农业资源与区划学会 . 6.

[14] 张一帆，王忠义，李勋，等 . 2011(4). 北京景观农业现状及对策建议 [J]. 北京农学院学报 . 63–65.

[15] 何军斌 . 2008(6). 论生态农业景观的构成 [J]. 湖南人文科技学院学报 . 64–66.

[16] 陈青红 . 2013. 浙江省“美丽乡村”景观规划设计初探 [D]. 临安 : 浙江农林大学 .

[17] 周杰灵 . 2014(3). 云和梯田的形成及传统农耕习俗探究 [J]. 古今农业 . 73–77.

[18] 陈海生，金连根 . 2014(12). 云和梯田湿地公园景观与文化资源 [J]. 安徽农学通报 . 143–144.

[19] 王彦伟 . 2015. 浙江休闲观光茶园规划设计研究 [D]. 临安 : 浙江农林大学 .

[20] [美国] 斯塔夫里阿诺斯 . 吴象婴译，2006. 全球通史：从史前史到 21 世纪 . 北京：北京大学出版社 .

[21] 徐甜甜 . 2016(02) . 松阳大木山茶室 [J]. 世界建筑 . 116–119.

[22] 潘建义，范飞军，张君媚，潘江南 . 2016(08). 基于农旅融合的浙南丽水景观农作物利用路径研究 [J]. 农学学报 . 81–86.

[23] 方智勇，张武男 . 2012. 中国蔬菜作物图鉴 [M]. 南京 : 江苏科学技术出版社 . 10.

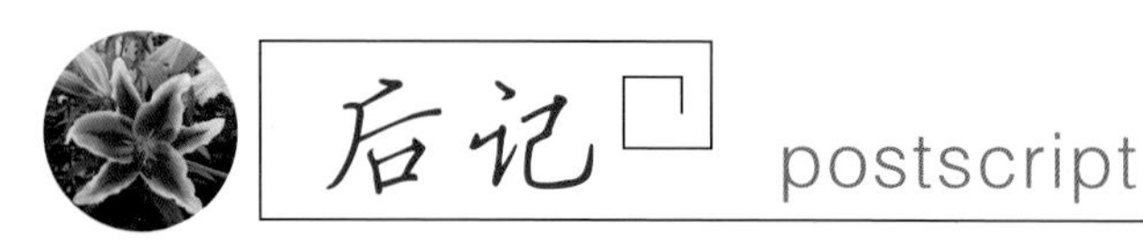

后记 postscript

本书出版杀青付梓之际，丽水网传来一则消息。

头颅高昂、身子矫健、四蹄腾空……从空中俯视，一匹栩栩如生、绿黑相间的骏马，“奔驰”在浙江丽水青田县小舟山梯田中。“咔嚓”一声，这匹气势如虹的大地骏马图，定格在小舟山乡长何启华的相机里，照片随后被送到徐悲鸿唯一健在弟子 103 岁的陈玲娟的病床前，百岁老人多年心愿终梦圆。

如果说经典阅读《全球通史》(斯塔夫里阿诺斯，北京大学出版社 2006 年)，人类——从食物的采集者到生产者，是人类从野蛮人到文明人，乃至动物界到人类文明的典型符号标志，某种程度就是稻麦等农作物的生产，人类学为人类提供了一面巨大的镜子使人类能看到自身无穷尽的变化。从食物的采集者到生产者是一个跨越，从生产者人类经历了数千年与饥饿的斗争史到基本满足衣食需求是一个巨大的飞跃，而今以中国浙江丽水云和梯田稻作景观等满足人类视觉享受，更有今朝百岁老人以稻作为画，画出作为行走在天地间匆匆过客的人在尘世间最后呐喊，以稻作功能而言，其亦提升为更高层次的精神享受和精神追求。

也许，农作物功能的挖掘永远在路上。

是为后记。

编者

2016 年 8 月

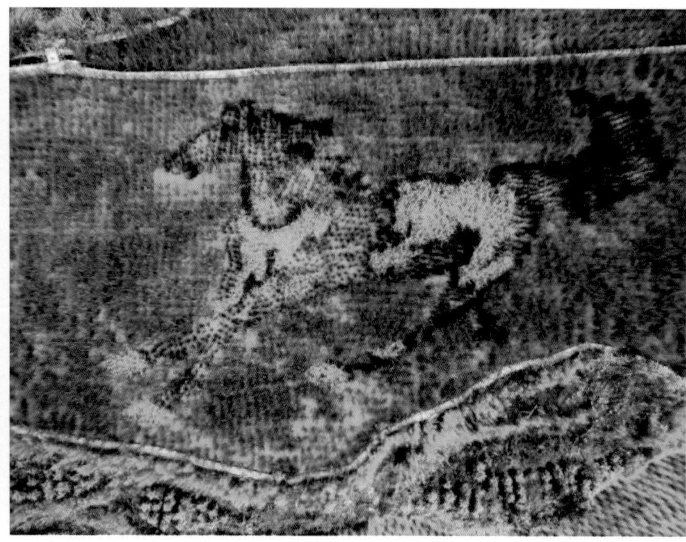